とことんやさしい
算数使いかたナビ
2 くらしに使おう! 時間と単位
さ・え・ら書房

もくじ

はじめに

算数は、ふだんのくらしの中で、知らず知らずに使っています。時間がどのくらいかかるか計算したり、単位を使って長さや重さを表したりするのも、算数です。算数は、ふだんのくらしのいろいろなところで、役に立っているのです。

この本では、身のまわりにある「算数」を、写真で絵本のように見せています。そして、算数がもっと身近になって、ふだんの生活に生かせるような例をたくさん紹介しています。この本をきっかけに、算数をどんどんくらしに役立てて、考えることのおもしろさや、できたときのよろこびを感じてもらえることを願っています。

（時計をよもう）

時計は、家や学校、公園など、いろんな場所にあるね。
時計をよむと、何時かわかるよ。

1は5分、
2は10分…と
おぼえておくと
いいね。

短いはりで何時か、長いはりで何分かわかるよ。

短いはり（時しん）

8をさしているときは…

8時

長いはり（分しん）

30ばんめの目もりをさしているから…

8時30分

30分は、1時間の半分です。たとえば、8時30分のことを8時半ともいいます。

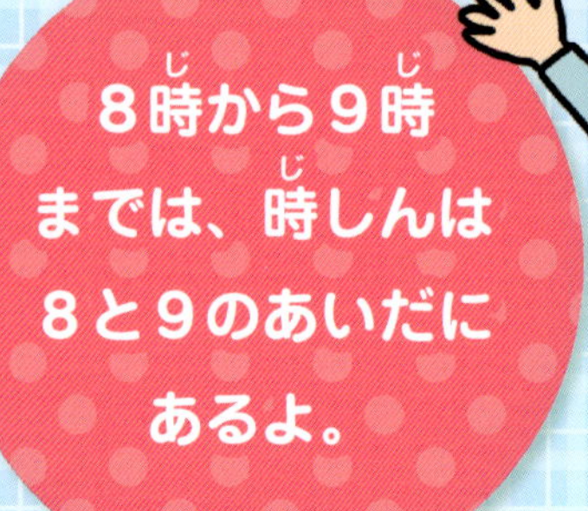

長いはりは、60分で時計をひとまわりします。60分＝1時間です。

短いはりは、1日で時計を2回転します。たとえば、9時は、朝と夜の2回あります。日づけのかわる夜中の12時から昼の12時までを「午前」、昼の12時から夜中の12時までを「午後」といいます。

どのくらいの時間？

（時間をもとめよう）

何かをするとき、時間がどれくらいかかるかを考えてみよう。

バスにのって公園に行くよ。
家を11時50分に出て
バスにのると、
公園には
12時55分につくよ。
家から公園までは、
**どれだけ
時間がかかる？**

11時50分から
10分で、12時に
なるね。

時間と時こくの関係は、下の図のようになっています。

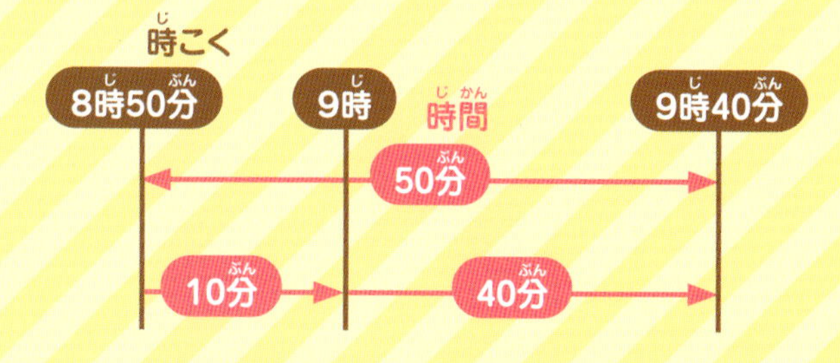

9時まで
10分だから、
50－10＝40で
9時40分。

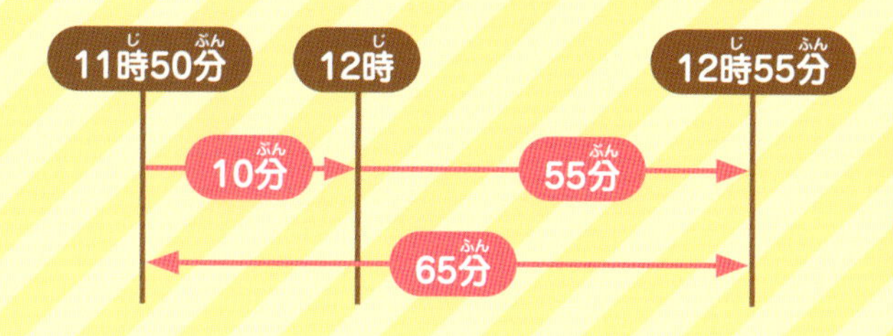

11時50分から
12時までは10分、
12時から12時55分
までは55分。
10＋55＝65
60分は1時間だから
1時間5分。

知ってる？

すな時計

すな時計は、3分や5分などの決まった時間をはかるための道具です。その時間で、中のすながすべて、上から下へ落ちます。

いろいろな時間の単位

ふだんのくらしの中で、何かをするとき、時間を目安にしているね。どんなときに、どの単位を使うかな。

知ってる？

秒しん

時計には、時しんと分しんのほかに、「秒しん」がついているものがあります。ひとまわりで60秒＝1分です。

50m走でかかる時間

秒

知ってる？

ストップウォッチ

下のストップウォッチは、1秒より短い時間をはかることができます。写真の時間は、「10秒72（ナナ・ニ）」を表しています。72は$\frac{72}{100}$秒のことです。

90分食べほうだいの場合、1時間=60分だから、1時間30分のことだね。

食べほうだいの時間

分

時間の長さをくらべてみると、下のようになります。

1日　24時間
午前（12時間）　午後（12時間）
1時間
1分
1秒

1日=24時間
1時間=60分
1分=60秒

どちらが長い？

身のまわりのものの長さのちがいをくらべてみよう。
高さやはばは、どうやって、くらべたらいいかな。

マスがいくつ分かで、長さをくらべることもできるよ。

2本の色えんぴつ どちらが長い？

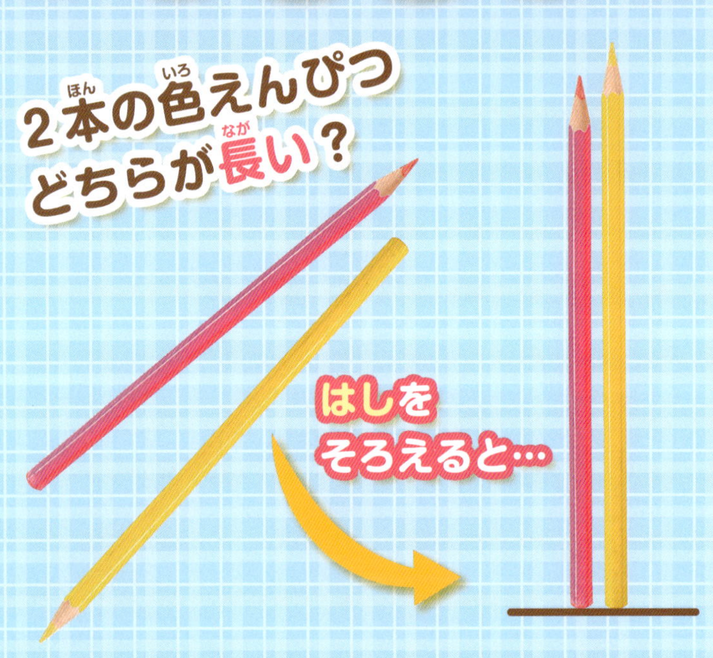

クリップとえんぴつけずり どちらが長い？

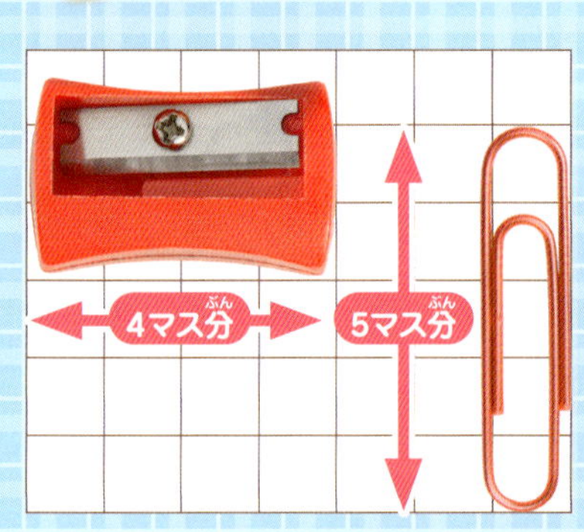

ゆうびんポストの高さとはば どちらが長い？

はしをそろえられないときは、紙テープを使おう。

教室のドアのはばと図書室のつくえのはば どちらが長い？

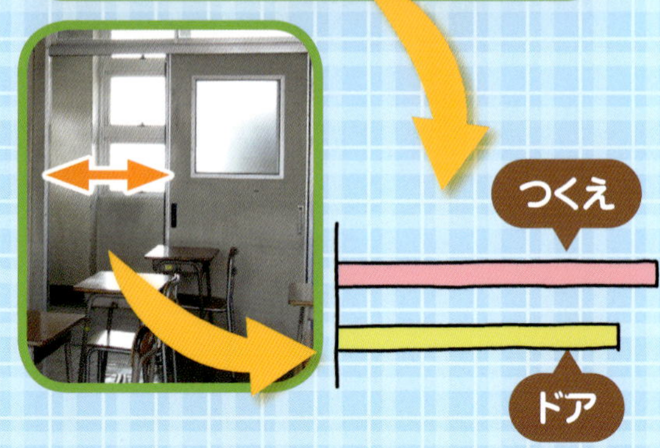

知ってる?

目のさっかく

右の２本のクレヨンは、どちらが長く見えますか。

実は、どちらも同じ長さです。おき方によって、同じ長さでもちがって見えることがあります。目のさっかくによるものです。

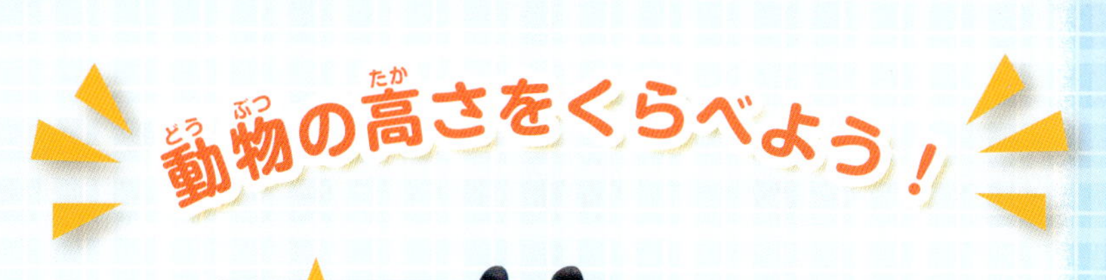

もののの長さをくらべるときは、はしをそろえたり、正方形のマスがそれぞれ何こ分か数えたりします。

人間の子どもとくらべて、どのくらいの高さかな。

※子どもは、小学3年生（130cm）としてくらべています。

どのくらいの長さ？① (cm)

身のまわりのものの長さを知るには、ものさしを使うよ。ものさしを使って、いろいろなものの長さをはかってみよう。

やってみよう！

指を使って長さをはかろう

自分の親指と人さし指をひらいた長さをはかって、その長さをおぼえておくと、いつでもだいたいの長さをはかれるよ。

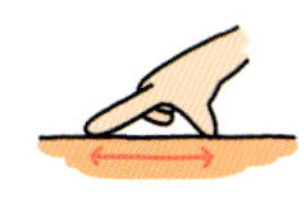

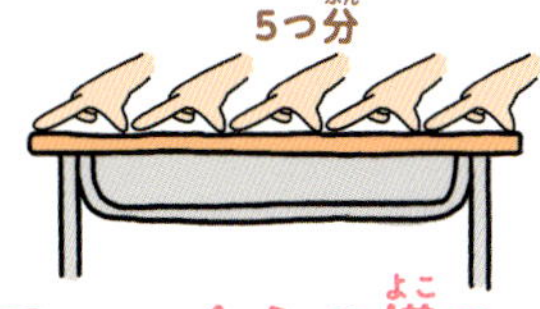

14cm×5で、つくえの横の長さは、約70cm。

直径と半径については、3巻を見てね。

どのくらいの長さ？② (mm)

「cm」では、長さをぴったり表せないものがたくさんあるね。1cmよりも短い長さは、「mm」を使って表すよ。

直径については、3巻を見てね。

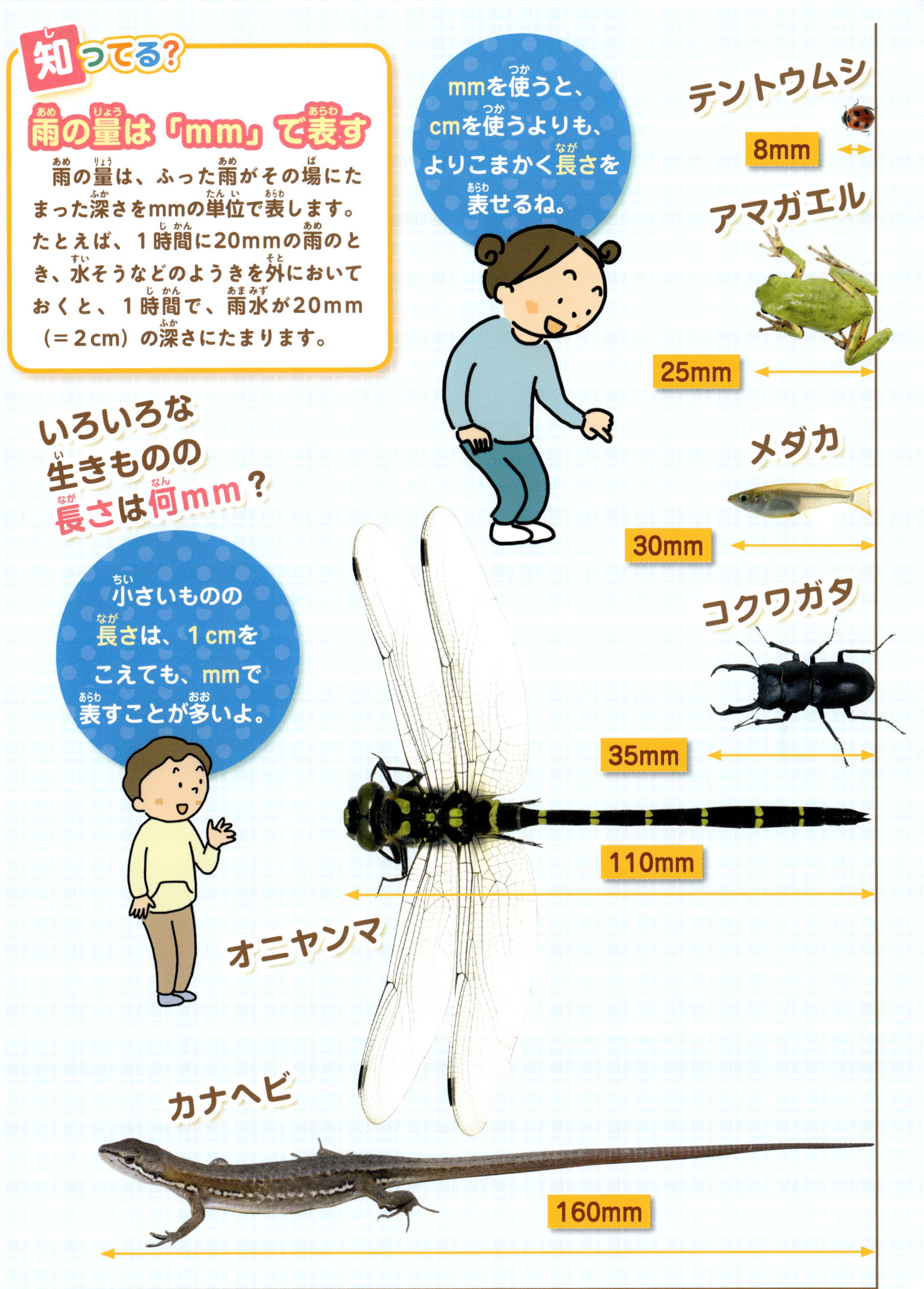
知ってる?
雨の量は「mm」で表す
雨の量は、ふった雨がその場にたまった深さをmmの単位で表します。たとえば、1時間に20mmの雨のとき、水そうなどのようきを外においておくと、1時間で、雨水が20mm（＝2cm）の深さにたまります。
mmを使うと、cmを使うよりも、よりこまかく長さを表せるね。
テントウムシ
8mm
アマガエル
25mm
いろいろな生きものの長さは何mm？
メダカ
30mm
小さいものの長さは、1cmをこえても、mmで表すことが多いよ。
コクワガタ
35mm
110mm
オニヤンマ
カナヘビ
160mm

どのくらいの長さ？③ (m)

乗りものやたてものなどの長さは、「cm」ではなく、「m」で表すよ。いろんなものの長さをくらべてみよう。

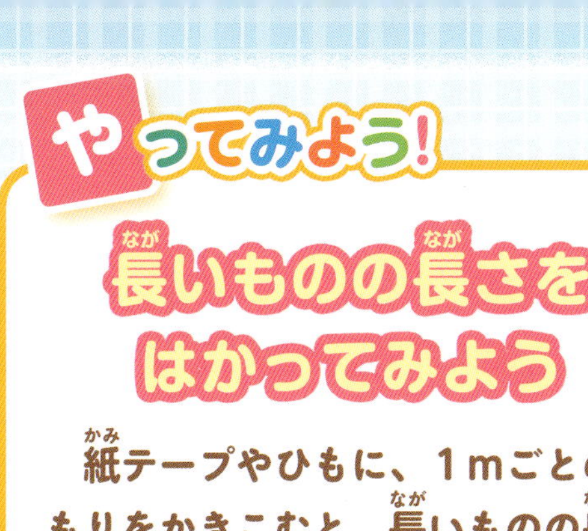

やってみよう!

長いものの長さをはかってみよう

紙テープやひもに、1mごとの目もりをかきこむと、長いものの長さをはかれるよ。はかりたいもののはしに、紙テープのはしをぴったりつけて、長さをはかろう。

乗りものの長さは何m？

きゅうきゅう車　6m

路線バス　10m

電車1車両　20m

mを使うと、長さをくらべやすいね。

客船　※飛鳥Ⅱの場合。　240m

新かん線　※東海道新幹線の場合。　400m

※長さは、おおよそのものです。

もっと長い長さ

道路のひょうしきなどできょりを表すときに、「km」という記号がよく使われているよ。どんな長さなのかな。

サッカーのコートの長さは、約100mだよ。10こならべると…

1kmは、サッカーのコート10面分くらいの長さだよ。

1000m＝1km（キロメートル）

約100m

1kmは、1mの1000倍の長さです。とても長いきょりを表すときに、よく使う単位です。

日本の5つの島のはしからはしまでの長さは何km？

約1220km

約110km

約330km

約260km

Date SIO、NOAA、U.S.Navy、NGA、GEBCO
Image Landsat／Copernicus
Date LDEO-Columbia、NSF、NOAA

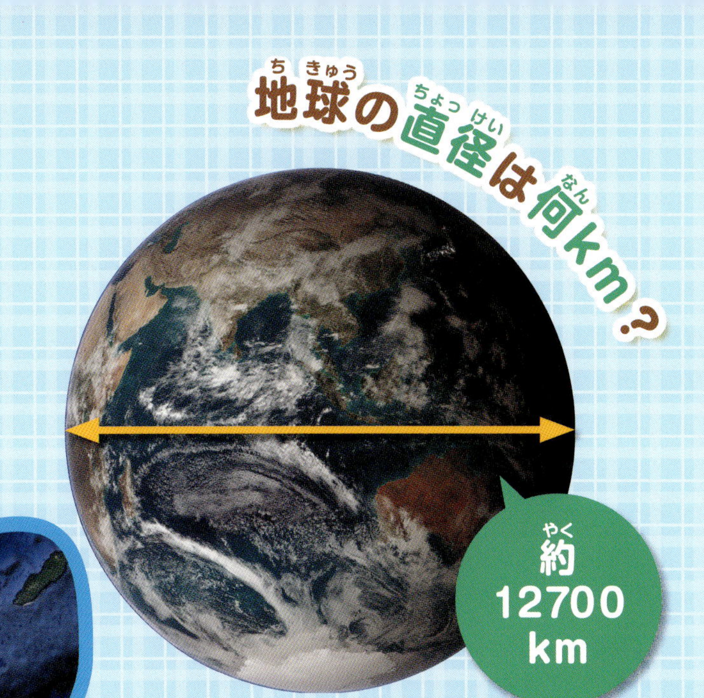

写真：NASA

約
540
km

球の直径は、
球の中心を通って、
球の表面と表面を
まっすぐにむすぶ
長さのことだよ。

知ってる？

しゅくしゃく

しゅくしゃくは、地図の上の長さが本当の長さをどれだけちぢめているか表したものです。たとえば、しゅくしゃくが1：500000と書かれていたら、地図の上の1cmは、その500000倍が本当の長さです。計算すると、5kmが本当の長さとわかります。

©2018 Google、ZENRIN

1cm×500000＝500000cm　100cmが1mだから…

＝5000m　1000mが1kmだから…

＝5km

いろいろな長さの単位

長さにはいろいろな単位があるね。ここでは1mを中心に、長さの単位をくらべてみよう。

高さくらべで、イメージしてみると、単位による長さのちがいがよくわかるよ。

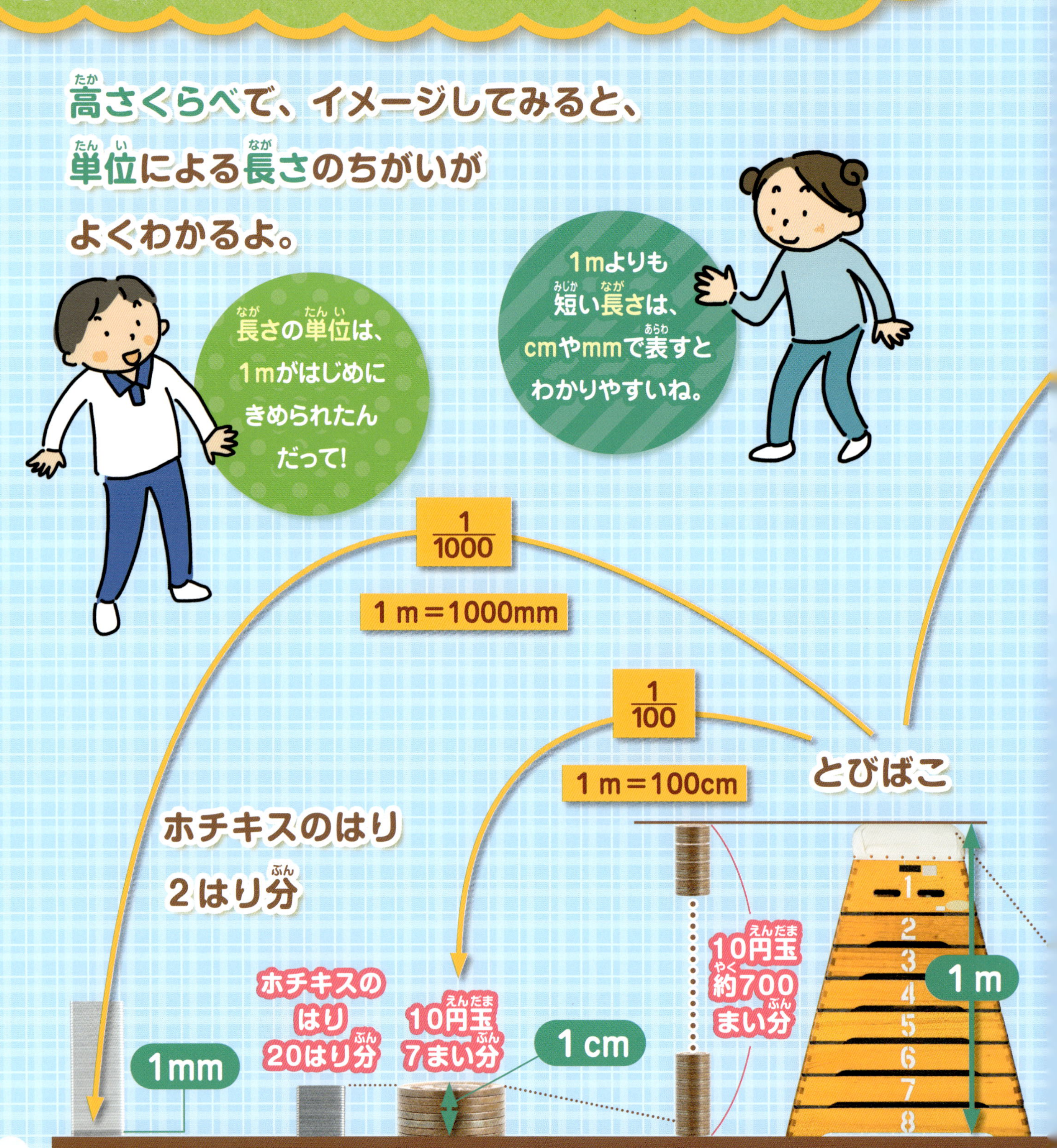

長さの単位のちがいを小さいほうからまとめると、下のようになります。

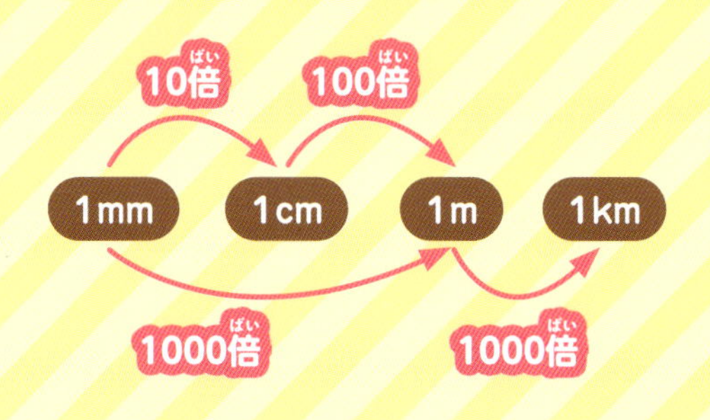

1000倍

1000m＝1km

大阪・通天閣

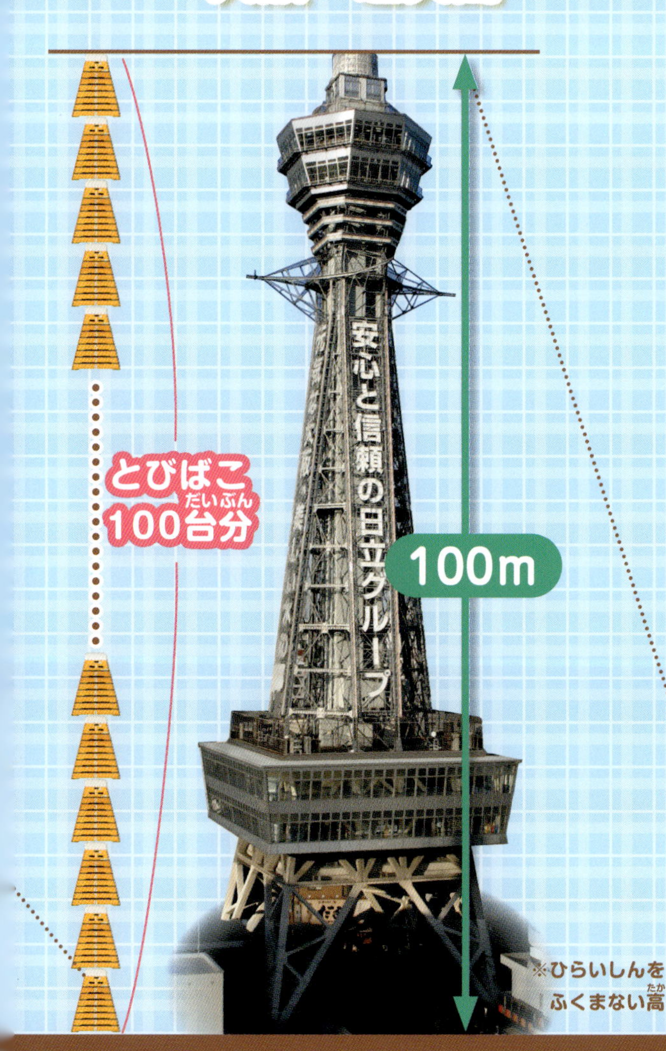

※ひらいしんをふくまない高さ。

東京スカイツリー®約1.6こ分

とびばこなら、1000台分が1kmだね。

どちらが広い？

身のまわりの平たいものや場所の広さのちがいをくらべてみよう。
どうやって、くらべたらいいかな。

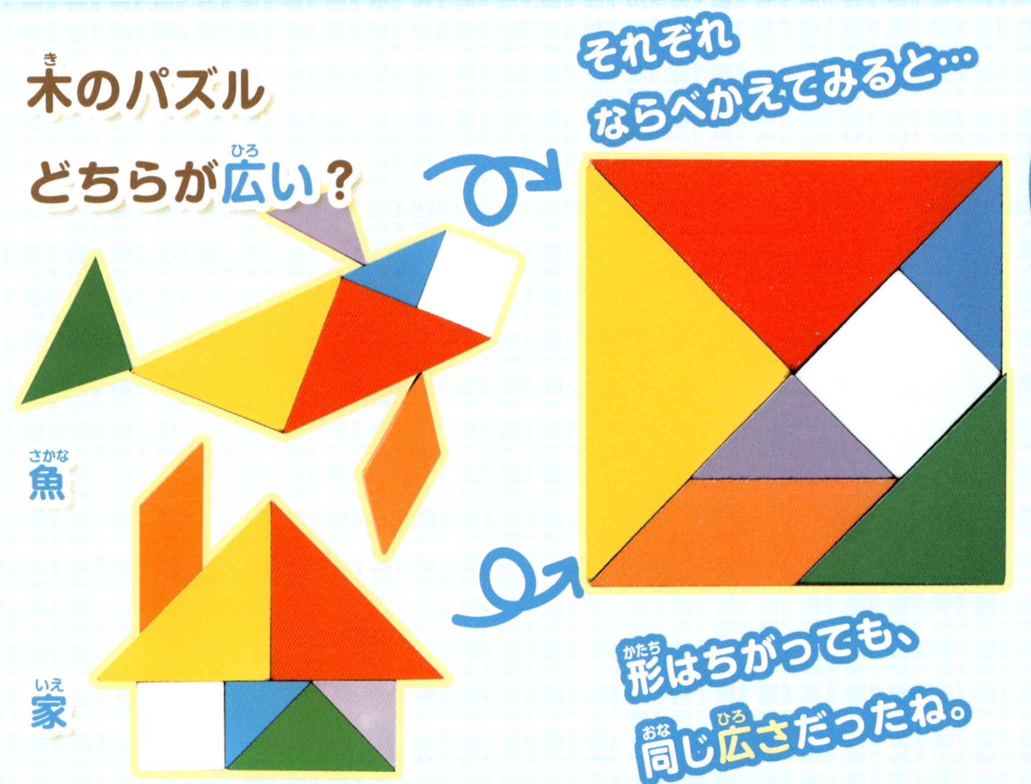

広さをくらべよう

サッカーのコートは、とても広いね。くらべてみると、よくわかるね。

考えてみよう！

1m×1mの正方形いくつ分？

サッカーのコートは、1m×1mの正方形いくつ分になるか、考えてみましょう。

1m×1mの正方形の数は、かけ算でもとめられます。
68×105＝7140
7140こになります。

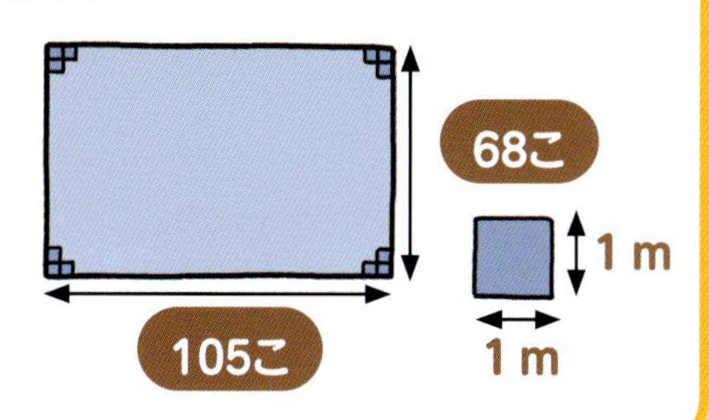

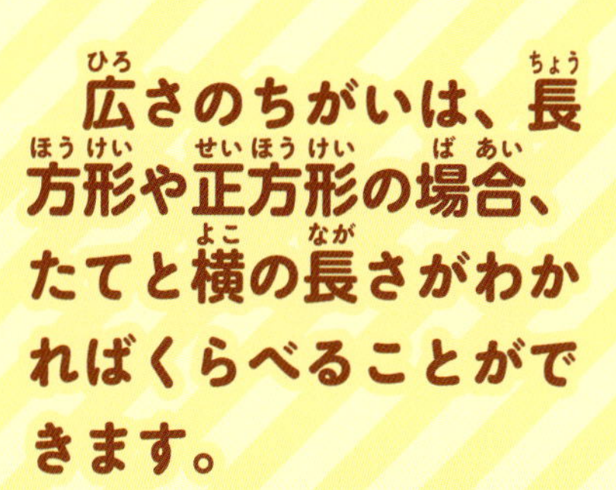

広さのちがいは、長方形や正方形の場合、たてと横の長さがわかればくらべることができます。

長方形と正方形については、3巻を見てね。

面積って何？（cm^2、m^2、km^2）

広さを表す量を「面積」というよ。長方形や正方形の面積は、たてと横の長さをかけてもとめるよ。

1 cm × 1 cm = 1 cm^2（平方センチメートル）

10cm × 10cm = 100cm^2

1 m × 1 m = 1 m^2（平方メートル）

100cm × 100cm = 10000cm^2

1 mは100cmだから

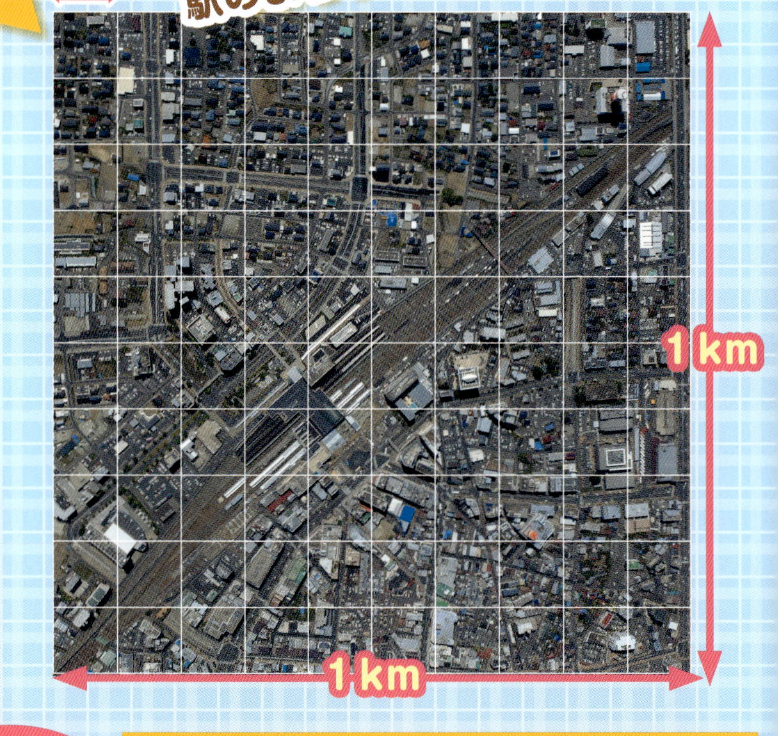

1 km × 1 km = 1 km^2（平方キロメートル）

1000m × 1000m = 1000000m^2

1 kmは1000mだから

1 cm^2は、1 cm × 1 cmの正方形1つ分の面積を表します。1 m^2は1 m × 1 mの正方形、1 km^2は1 km × 1 kmの正方形1つ分の面積です。

身近なものの面積は？
やきのり
21cm
19cm
約400cm²
面積をもとめるときには、たてと横の長さの単位は同じにするよ。
テレビ
約7700cm²
70cm
約110cm
※49型の場合。
ダイニングテーブル
135cm
75cm
10125 cm²＝約１㎡
小学校の校庭やプールの面積は、ダイニングテーブルいくつ分になるかな。
34m
60m
校庭
約2000㎡
プール
200㎡
8m
25m

どれが多い？

いろいろな入れものに入った飲みものがあるよ。量をくらべるには、どうしたらいいかな。

形や大きさがちがう入れものに
入っている飲みもの。
どれが多いか、くらべられるかな。

同じ大きさの
入れものに
入れかえると……

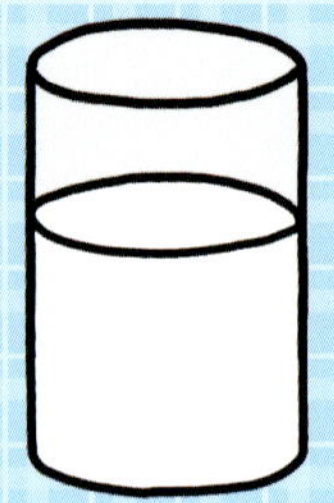

同じ入れものに
入れかえると、
ちがいが
わかりやすいね。

もののの大きさや
量を「かさ」と
いうよ。水などの
量をいうときにも
使うよ。

かさをくらべよう

コップに入ったジュース

飲みものの高さは

同じだけど、

かさは同じかな？

①のほうが多い。

ペットボトルのむぎ茶

どのくらい多い？

同じコップでくらべるよ。

※2L

※500mL

大きいペットボトルのほうが、コップ15はい分多い。

やってみよう！

ペットボトルの形をくらべよう

ペットボトルには、いろいろな形があります。入れる飲みものの種類によって、形がちがうからです。同じ量のはずなのに、量がちがって見えることもありますが、それは、入れものの形がちがうからです。いろいろなペットボトルの形と量をくらべてみましょう。

かさの単位って？①

(mL、dL、L)

水などのかさは、計量スプーンや計量カップではかれるよ。

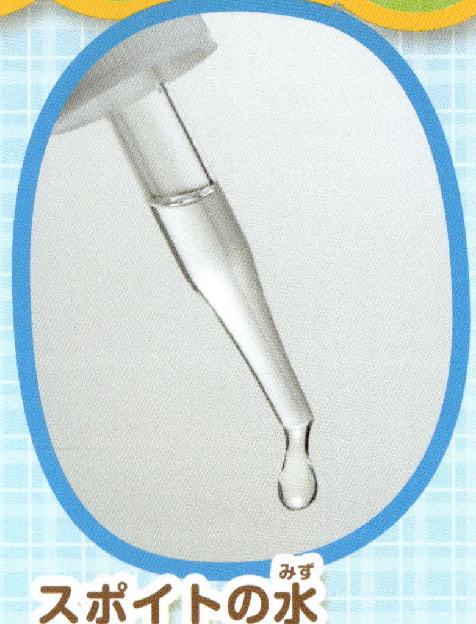

スポイトの水
20てきくらい
約１mL（ミリリットル）

料理に使う
計量スプーンに
入る水のかさは？

大さじ	小さじ	小さじ$\frac{1}{2}$	小さじ$\frac{1}{4}$
15mL	5mL	2.5mL	1.25mL

料理で「１カップ」というと、200mLのことだよ。

計量カップの水のかさは？

200mL

100mL＝1dL（デシリットル）だから

200mL＝2dL

5はい分は？

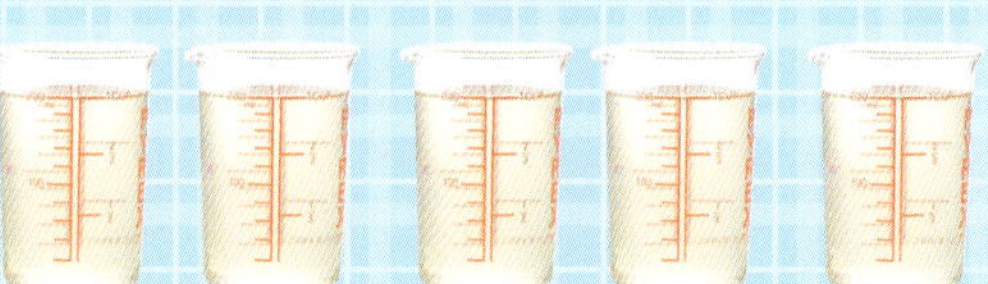

200mL×5＝1000mL＝１L（リットル）

牛乳パックの牛乳のかさは？

1000mL＝10dL＝１L

水などのかさは、mL、dL、Lという単位で表します。かさの単位は、下のような関係です。

身近なものの水のかさは？

バケツの水

約５Ｌ

おふろのお湯

約200Ｌ

水そうの水

約13Ｌ

※はば30cmのもの

知ってる？

１日に使う水の量

手洗いに歯みがき、おふろなど、水は毎日使うものです。ひとりが１日に使う水の量は、200〜300Ｌといわれています。歯みがきだけでも、水を流しっぱなしにしていると、６Ｌも使うことになります。

水族館の水そうの水

約750万Ｌ

写真提供：海洋博公園・沖縄美ら海水族館

かさの単位って？② (cm^3、m^3)

水のかさはdLやLで表せたね。はこなどのもののかさ（大きさ）は、どうやって表すのかな。

はこには、たてと横と高さがあるね。1 cm×1 cm×1 cmの立方体が何こ分か考えてみよう。

さいころは？

1 cm
1 cm
1 cm

1 cm×1 cm×1 cm
= 1 cm^3（立方センチメートル）

つみ木は？

10cm
10cm
10cm

10cm×10cm×10cm＝1000cm^3

1 cm×1 cm×1 cmの立方体1000こ分

立方体の一辺の長さが10倍になると、体積は1000倍になるんだね。

1 m
1 m
1 m

1 m×1 m×1 m＝1 m^3（立方メートル）

100cm×100cm×100cm
＝100万cm^3

1 m＝100cmだから

1 cm×1 cm×1 cmの立方体100万こ分

知ってる？

入れものの中の水の体積

入れものに入れることのできる量を「容積」といいます。内側が10cm×10cm×10cmの入れものの容積は、1000cm^3です。この入れものには、水がちょうど1 L入ります。

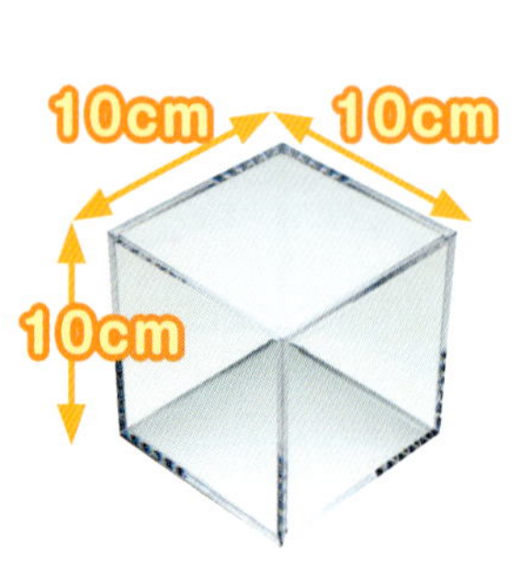

もののかさを表す量を「体積」といいます。直方体や立方体の体積は、たて、横、高さの3辺の長さをかけてもとめます。

直方体と立方体については、3巻を見てね。

身近なものの体積は？
ティッシュペーパーのはこ
約1700cm³
6cm
24cm
12cm
食パン
約3600cm³
25cm
12cm
12cm
体育館
約17000m³
29m
13m
45m
ベッドのマットレス
約1000000cm³＝約1m³
180cm
195cm
30cm
この体育館の容積をcm³で表すと、約17000000000cm³！（170億）
富士山のふもとをぐるっと回る道路より上の部分の体積を計算したら、227km³になったんだって！
富士山
約227km³

どちらが重い？

ものには重さがあるね。２つのものをくらべたとき、
どちらが重いか、考えてみよう。

同じ大きさの
おりがみで
つくっているよ。

おりがみでつくった、
「つる」と「かぶと」
どちらが重い？

小学生５人と、
生まれて１か月の
ゾウの赤ちゃん。
どちらが重い？

※１～５年生の平均体重で計算。

考えてみよう！

重さはかわるかな？

右のイラストのようにすると、はかりのめもりはかわるでしょうか。

ふたりでのる。 → おんぶする。

ひとりでのる。 → 力を入れる。

人と人数はかわっていないけど…

答え：①も②も重さはかわらない。

トマトと毛糸玉。どちらが重い？

毛糸玉のほうが大きいけど…トマトのほうが重いよ。

むかし、ゾウの重さは、舟にのせてどれだけしずむかではかったんだって！

だいたい同じぐらいの重さだよ。

重そうに見えて軽いもの、軽そうに見えて、重いものがあります。ものの重さは、形や大きさだけではわかりません。

重さの単位って？①

(g、kg)

身のまわりのものの重さをはかって、くらべてみよう。

重さをはかってみると……

1円玉　1g(グラム)　→10倍→　うめぼし　約10g　→10倍→　みかん　約100g　→10倍→

500mL
ペットボトル
2本分の水

1000g＝
1kg(キログラム)

知ってる？

赤ちゃんの体重は、なぜgで表すの？

生まれたばかりの赤ちゃんの体重は、3000gぐらいです。3000g＝3kgですが、赤ちゃんは小さいので、500gふえても大きな成長です。グラム単位で体重をはかることで、せいかくに成長の変化を知ることができます。

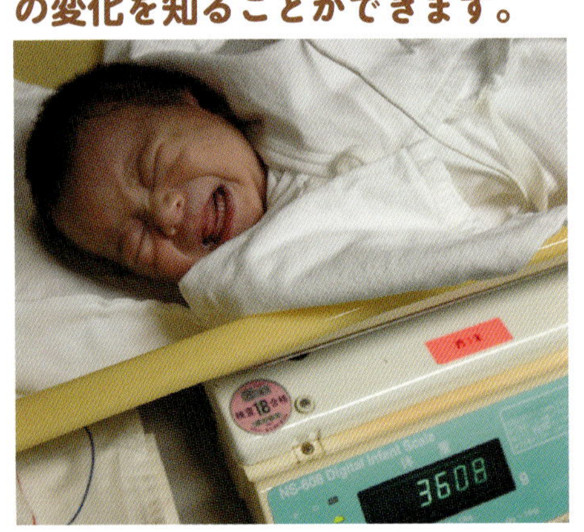

重さには「g」「kg」という単位があります。1kgは1gの1000倍の重さです。

身近なものの重さは?

知ってる?

重さの単位の決めかた

「国際キログラム原器」の重さを1kgと決めたのは、1889年のことです。それから130年後のいま、ようやくこれに代わる新しい定義が決められようとしています。

日本国キログラム原器

※重さは、おおよそのものです。

重さの単位って？② (t)

「kg」よりも、重いものを表す単位があります。大きな車や、船、飛行機の重さを表すのに使われています。

1kgの1000倍が、1tだね。

ゆうびんきょくのバイク

約100kg

10台で約1000kg

1000kg＝1t（トン）

せいそう車がはこべるゴミ　約３ｔ

知ってる？

人が出すゴミの重さ

日本で１年間に出るゴミの量は、約4400万ｔといわれています。日本の人口は約１億2000万人なので、ひとり１日、約１kgのゴミを出している計算になります。

知ってる?

グラムよりも小さい単位

1gよりも軽いものの重さを表す単位があります。「mg」です。「mg」は、ミリグラムとよみます。1mgは1gの1000分の1の重さです。食品にふくまれる栄養成分の量を表すときなどに使います。

ジェット機
約240t

学校のプールの水
約240t

8m
25m
深さ1.2m

8m×25m×1.2m
=240m³
1m³の水は1tなので、このプールの水は240tだよ。

重さの単位のちがいを小さいほうからまとめると、右のようになります。

1mg →(1000倍)→ 1g →(1000倍)→ 1kg →(1000倍)→ 1t

1mmや1mgが1000こ集まると、それぞれm(ミリ)がとれて1mや1gになります。1mや1gが1000こ集まると、それぞれk(キロ)がついて1kmや1kgになります。

m(ミリ)は1000分の1、k(キロ)は1000倍という意味です。

いろいろな単位

身のまわりでは、ほかにもたくさんの単位が使われているよ。
さがしてみよう。

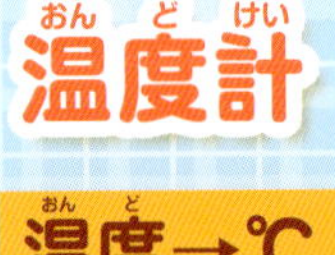

温度計

温度→℃（度）

ふっとうしたお湯の温度

100℃

水がこおるときの温度

0℃

しょう明

かん気せん

コンセント

冷とう庫

室温計

気温や体温など、温度の単位には、℃（度）が使われています。

電気の流れる量→A（アンペア）

LED電球

0.01～0.3A

一度に使うことができるA数は、ブレーカーにかいてあります。

電気の流れを電流といい、その量を表す単位をA（アンペア）といいます。

速さ→時速、分速、秒速（毎時）

速さは、決まった時間（1時間、1分、1秒など）に進むきょりで表します。
自動車や電車などの速さは、ふつう、時速（km/h……1時間あたりに進むきょり）で表します。

北陸新幹線「かがやき」 最高時速 260km/h

電気が仕事をする力→W（ワット）

かん気せん 50〜100W

電気が仕事をする力を電力といい、W（ワット）で表します。W【電力】はふつう、A【電流】×V【電圧】でもとめます。

面積→a（アール）、ha（ヘクタール）

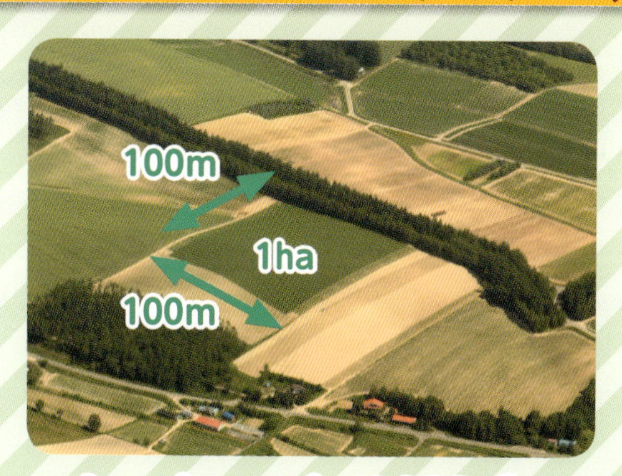

1a（アール）は100㎡で、1ha（ヘクタール）は10000㎡です。おもに田畑の面積を表すときに使われます。1ha＝100aです。

電流を流す力の大きさ→V（ボルト）

コンセント（家庭用） 100V

アルカリかん電池 1.5V

電流を流そうとする力を電圧といいます。その大きさを表す単位は、V（ボルト）です。

「算数使いかたナビ」編集委員会／編

小学校で学習する数と計算や、単位、時間、図形について、
くらしに役立てる方法を紹介する目的で発足。多くの子どもたちに、
数の不思議や、算数のおもしろさを伝えたいと考えている。

装丁・デザイン
株式会社ダイアートプランニング（新　裕介、石野春加、横山恵子）

イラスト
ニシハマカオリ

写真協力
海洋博公園・沖縄美ら海水族館、産業技術総合研究所、通天閣観光株式会社、
郵船クルーズ株式会社、Fotolia、PIXTA、photolibrary

校正協力
宇留野ひとみ

編集制作
株式会社童夢

とことんやさしい 算数使いかたナビ②
くらしに使おう！ 時間と単位

2018年4月　第1刷発行　　2024年1月　第3刷発行

編　者／「算数使いかたナビ」編集委員会
発行者／佐藤洋司
発行所／株式会社さ・え・ら書房
〒162-0842　東京都新宿区市谷砂土原町3-1
Tel.03-3268-4261
https://www.saela.co.jp/
印刷所／株式会社光陽メディア
製本所／東京美術紙工

ISBN978-4-378-02472-1　NDC410